U0173100

[日]木村裕一 梁平 智慧鸟 著 [日]木村裕

看！神探仙鼠智破奇案

数学大侦探

4

幽灵
古船

电子工业出版社·
Publishing House of Electronics Industry
北京·BEIJING

图书在版编目（CIP）数据

数学大侦探. 幽灵古船 / (日) 木村裕一, 梁平, 智慧鸟著 ; (日) 木村裕一, 智慧鸟绘 ; (日)
阿惠, 智慧鸟译. -- 北京 : 电子工业出版社, 2024.3
ISBN 978-7-121-47283-1

Ⅰ.①数… Ⅱ.①木… ②梁… ③智… ④阿… Ⅲ.①数学 – 少儿读物 Ⅳ.①O1-49

中国国家版本馆CIP数据核字（2024）第039566号

责任编辑：赵　妍　季　萌
印　　刷：北京宝隆世纪印刷有限公司
装　　订：北京宝隆世纪印刷有限公司
出版发行：电子工业出版社
　　　　　北京市海淀区万寿路173信箱　邮编：100036
开　　本：889×1194　1/16　印张：31.5　字数：380.1千字
版　　次：2024年3月第1版
印　　次：2024年3月第1次印刷
定　　价：180.00元（全6册）

凡所购买电子工业出版社图书有缺损问题，请向购买书店调换。若书店售缺，请与本社
发行部联系，联系及邮购电话：（010）88254888，88258888。
质量投诉请发邮件至zlts@phei.com.cn，盗版侵权举报请发邮件至dbqq@phei.com.cn。
本书咨询联系方式：（010）88254161转1860，jimeng@phei.com.cn。

前言

　　这套书里藏着一个神奇的童话世界。在这里，有一个叫作十角城的地方，城中住着一位名叫仙鼠先生的侦探作家。仙鼠先生看似糊涂随性，实则博学多才，最喜欢破解各种难题。他还有一位可爱的小助手花生。他们时常利用各种数学知识，破解一个又一个奇怪的案件。这些案件看似神秘，其实都是隐藏在日常生活中的数学问题。通过读这些故事，孩子们不仅能够了解数学知识，还能够培养观察能力、逻辑思维和创造力。我们相信，这些有趣的故事一定能够激发孩子们的阅读兴趣。让我们一起跟随仙鼠先生和花生的脚步，探索神秘的十角城吧！

快跑啊，怪物……怪物来了！

平静的海面上忽然传来一阵阵惊呼，忙碌的渔夫们连渔网都来不及捞起，就驾驶着渔船拼命向远处逃去。

一望无垠的海面忽然弥漫起一阵浓重的黑雾，伴随着火光和低沉的雷声，黑雾中传来了只有在古老传说中才能听到的歌声：

"嘿！作为一名曾经的航海家，我必须纠正你，幽灵船可不是只在传说中存在的。"杜船长放下烟斗，严肃地说，"'玛丽亚·谢列斯塔号'幽灵船事件、'贝奇摩号'幽灵船事件、'珍妮帆船'幽灵船事件……，这都是被官方记录在案的幽灵船，有很多人亲眼见过哦。"

忽然失踪的神秘船只多年后又突然出现，船员全部失踪，只剩下一条空船在海上无休止地漂流着……多么好的侦探小说题材啊！仙鼠先生读着杜船长提供的幽灵船资料，也开始感兴趣了。

"这次可是有好多渔船上的人都亲眼看到了，那是一艘挂着破烂巨帆的古代战船，带着闪电和火焰在大海中航行。"

还有……甲板上的海盗都已经变成骷髅了，还在掌舵呢！

杜船长一边说一边点头，不但不害怕，反而很兴奋。他做了大半辈子船员，什么样的冒险都经历过，唯独没有遇到过幽灵船。所以这次，他一看到新闻就来找仙鼠先生一起组队，打算去探寻幽灵船的秘密。

主人，你没看新闻吗？渔民说幽灵船是100年前失踪的黑胡子号，传说上面装满了海盗王黑胡子的宝藏！

杜船长，你为什么不说有宝藏的事呢？

这个……哈哈，我忽然忘记了。如果真发现了宝藏，当然是我们平分了。

不公平，我也要分一份。

如果你能判断出下面这句话是对还是错，杜船长就把宝藏也分你一份：

4个角都是直角的四边形，一定是正方形。

解题分析

这个问题涉及长方形和正方形的几何定义。

1. 有4条直的边和4个角的封闭图形叫四边形。

2. 四边形的特点：有4条直的边，有4个角。

3. 长方形的特点：长方形4个角都是直角，对边相等，有2条长边、2条短边。

4. 正方形的特点：有4个直角，4条边相等。

5. 长方形和正方形是特殊的平行四边形。

所以，"4个角都是直角的四边形，一定是正方形"这句话是错的。

13

仙鼠先生一边说一边向窗边退去。他刚想故技重施，跃出窗子逃走，就被小迷糊扔来的平底锅"击落"了！

嘿嘿嘿，想赖账，其实也有办法……

我答应，我什么都答应！

15

照片有些模糊，色彩也很暗淡，一看就拍得很匆忙，但还是能看清照片上的画面。那是一艘残破而古老的战船，桅杆和甲板已经腐朽不堪，船身上满是漏水的破洞，但竟然还不沉没！最让人感觉不可思议的是，在被迷雾和火光笼罩的甲板上，隐约可以看到，掌舵的竟然是一架衣衫褴褛的骷髅！

你们看，这具骷髅是不是很像传说中的一个人！

？ 问题时间

仙鼠先生量出幽灵船出现的海域长为 10 海里，宽为 5 海里。你能帮他算出这片海域的周长，以便发现幽灵船的行动规律吗？

💡 解题分析

我们知道，封闭图形一周的长度，就是它的周长。长方形和正方形的周长公式分别为：

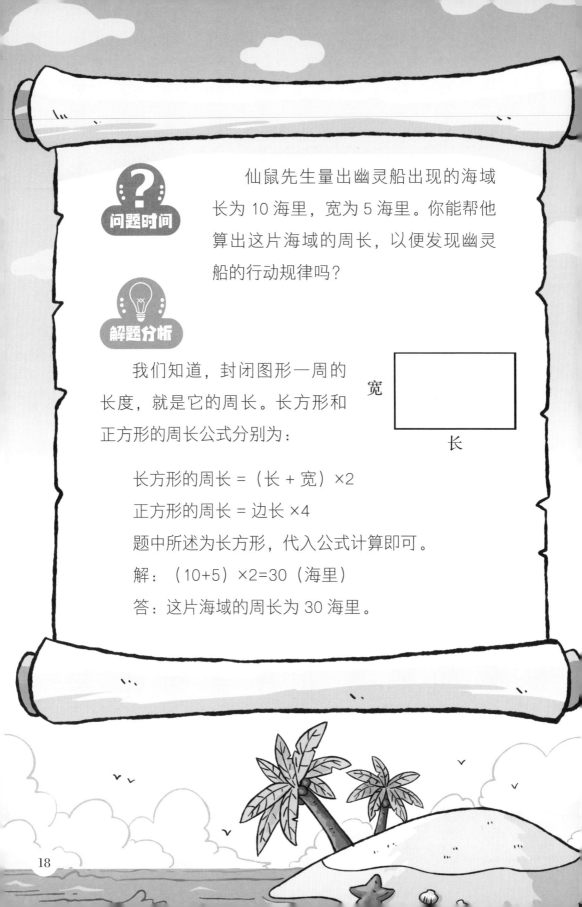

长方形的周长 =（长 + 宽）×2

正方形的周长 = 边长 ×4

题中所述为长方形，代入公式计算即可。

解：（10+5）×2=30（海里）

答：这片海域的周长为 30 海里。

《黑胡子和小人国》《黑胡子大战恶龙》《黑胡子的爱情》……

认真查阅资料的仙鼠先生完全没注意到，一个神秘的黑影正透过他背后的书架，紧紧地盯着他！

怎么都是传说故事？就没有严肃一些的资料吗？

21

《海盗黑胡子生平考》！太好了，就是这本！

黑影一把抢过书塞进怀里，又用力一推，竟然直接把木梯推倒了！

23

哎哟！

就在仙鼠先生扑过去的一瞬间，那个黑影竟然"融化"了。仙鼠先生就像撞到了一团空气，一下子扑倒在地，摔得鼻青脸肿。

黑袍人也被撞翻在地，只是被黑色的罩袍盖住了整个身子，依然看不到面容。

黑色的罩袍下面，除了仙鼠刚刚找到的书，竟然空无一物！
罩袍下个子高大的人哪儿去了？难道刚刚出现的真是幽灵？

仙鼠先生打开失而复得的《海盗黑胡子生平考》，却发现记录着黑胡子家乡所在地的那两页被撕掉了！

仙鼠先生合上书，一页发黄的纸张从书页中飘出。粗糙的边缘证明它也是刚刚被撕下来的，只是没能被及时带走。

这是……黑胡子的航海图！太好了，只要能确定方向，行动就有目标了！

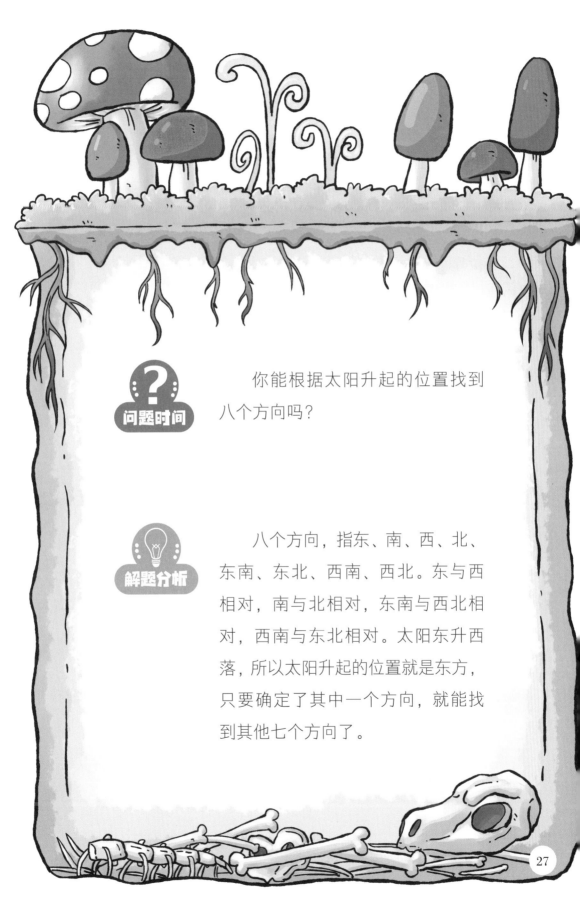

? 问题时间

你能根据太阳升起的位置找到八个方向吗？

💡 解题分析

八个方向，指东、南、西、北、东南、东北、西南、西北。东与西相对，南与北相对，东南与西北相对，西南与东北相对。太阳东升西落，所以太阳升起的位置就是东方，只要确定了其中一个方向，就能找到其他七个方向了。

房东太太没有说谎，仙鼠先生和杜船长他们来到港口后，果然看到很多逃到十角城的渔民，却没有一条船同意带他们出海。

黑胡子太可怕了，谁还敢带你们出海啊？

"我们渔民世代流传着一个传说，黑胡子的海盗舰队在海上抢劫完财宝后，会把他的财宝藏在这片海域，这批宝藏也没有被人发现。据说黑胡子最后一次出现时，曾经发誓他总有一天会回来寻找他失落的宝藏。"

独眼和大胡子的海盗多了，你们怎么确定幽灵船就是黑胡子的？

这么说，宝藏并不在幽灵船中？这和书上记载的不一样哦。

房东太太一屁股坐上去，几乎占满了一整条船。

问题时间

想找到宝藏，就一定要会看地图。小朋友，你知道在地图上如何确定方位吗？

解题分析

现代地图一般是用正北定向的（正北朝向图面的上方）。当地图没有标注指向标和经纬网的时候，默认用"上北下南，左西右东"的口诀辨别方向。在生活中，没有地图的时候，如果能确定自己面向的方向是正北，也能使用"上北下南，左西右东"来判别自己的身后是南方，左边是西方，右边是东方。

两只小船摇曳在大海中央，前后左右都是漫无边际的水面，十角城已经成了天边的一条细线。

水手们常说海面上"无风三尺浪"，虽然是个大晴天，但无垠的海面还是波涛起伏。

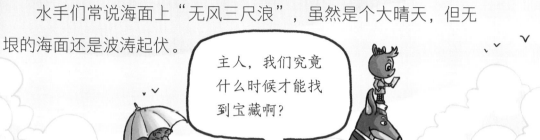

主人，我们究竟什么时候才能找到宝藏啊？

黑嘿，谁告诉你我在找宝藏了？我是在等幽灵船找我们。

我们一直在按照黑胡子的航线行驶，应该已经引起幽灵船的注意了吧？

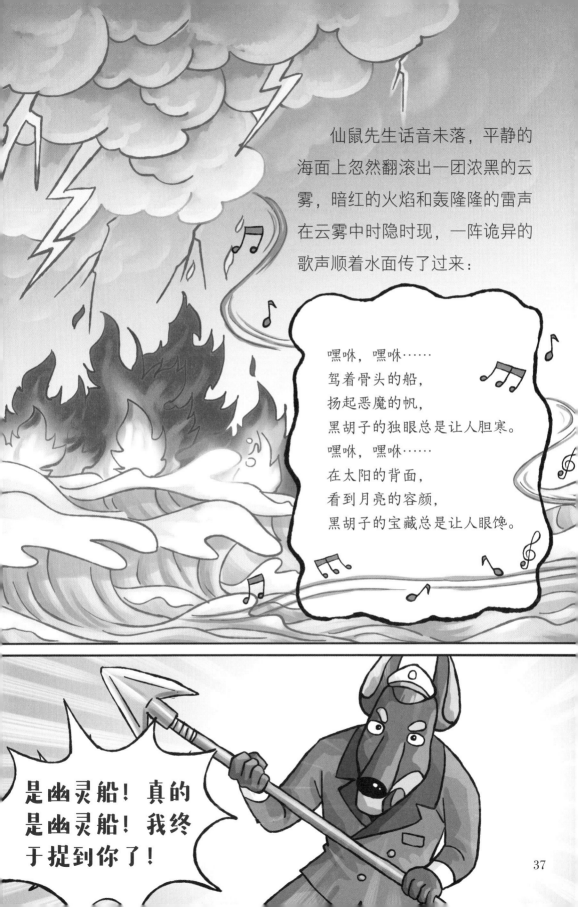

仙鼠先生话音未落，平静的海面上忽然翻滚出一团浓黑的云雾，暗红的火焰和轰隆隆的雷声在云雾中时隐时现，一阵诡异的歌声顺着水面传了过来：

嘿咻，嘿咻……
驾着骨头的船，
扬起恶魔的帆，
黑胡子的独眼总是让人胆寒。
嘿咻，嘿咻……
在太阳的背面，
看到月亮的容颜，
黑胡子的宝藏总是让人眼馋。

是幽灵船！真的是幽灵船！我终于捉到你了！

随着云雾越来越近，大家终于看清楚了，云雾之中，被闪电和火焰包裹着的真的是一艘恐怖的幽灵战船：高耸入云的船帆破败不堪；腐朽的船身吱吱呀呀，似乎随时都会散架；最可怕的是，站在船头掌舵的船长，竟然是一具戴着水手帽的骷髅，它一边挥舞弯刀，一边转动船舵，向仙鼠先生他们的小船径直撞来！

大家不要怕
看我的！

果然和我在图书馆遇到的家伙一样啊！

39

真是难对付的家伙啊。看来我们要战术性撤退了。

花生，接下来就看你的了！

擅长游泳的房东太太和杜船长也在木船被黑雾吞噬前跳入大海逃生，只剩下花生慢慢消失在了黑雾之中。

哗啦！

花生的惨叫声很快就随着云雾的飘逝消散了，海面再次恢复了平静，就像什么也没有发生过一样。幽灵船、两只小木船和花生一起不见了。

主人，你一定要来救我啊！

六分仪忘在船上了，我们怎么分辨方向呢？

不用急，我们做水手的有很多种方法可以在陌生的环境中辨别方向呢！

如果在陌生的野外环境中迷路，你知道几种辨别方向的方法呢？来说说看吧，越多越好。

解题分析
以下是一些生活中常用的辨别方位的知识：
北斗星永远在北方。
影子与太阳的方向相对。
早上太阳在东方，傍晚太阳在西方。

包围着十角城的是黄昏海，古老的典籍说它的尽头就是创世神的国度，面积一亿八千万平方千米，有一百万个十角城那么大，是世界上最大、最深、岛屿最多的海域。

　　据说，100年前的大海盗黑胡子，就是因为航行得太远，接近黄昏海的边缘，窥探到了神的秘密，所以才被创世神诅咒，迷失在了海洋之中，驾驶着幽灵船徘徊在生和死之间，永远也得不到安宁。

……这就是大海盗黑胡子的冒险故事。传说他驾驶着幽灵船不断游荡，就是为了找到自己的家乡，获得安息。

凭借杜船长的航海经验，仙鼠先生辨别出了方向，但看着黑胡子的航海图，他还是有些头疼。因为他们所处的位置，虽然在地图上看只有小小的一块，但幽灵船活动的海域有 200 平方千米，由 30 多个大小不一的岛屿组成。

要想在没有坐标和定位的情况下，从这些岛屿中寻找一艘船，找到的概率不会比大海捞针高多少，况且这艘船还是传说中的"幽灵船"，已经提前做好一切准备，有计划地隐藏自己的踪迹。

最重要的是该在什么地方登陆，距离最近的陆地有多远，这些凭借地图完全看不出来。

就这样在海洋中误打误撞，如果耗尽了体力后依然没有找到登陆地点，几个人在没有食物和水源的情况下在海洋上任意漂流，就算不喂鲨鱼也坚持不了多久。

可仙鼠先生却一点儿也不着急，从怀里拿出一个盒子。

跟着蜜蜂飞行的方向前进，我们很快就能找到陆地了。

仙鼠解释道："这个昆虫知识是我在无意中发现的。我之前做过一个实验，本来是想验证蜜蜂是否会游泳，没想到却发现放入水中的蜜蜂总会向着离陆地最近的方向游去。也就是说，蜜蜂会在水面上自动寻找离我们最近的岛屿。"

船长要搜寻的海域是一片长 10 海里、宽 5 海里的长方形海域，面积是多少平方海里呢？

物体表面或封闭图形的大小，叫作它们的面积。常用的面积单位有：平方厘米、平方分米、平方米等。长方形的面积等于长 × 宽，代入公式计算即可得出答案。

解：10×5=50（平方海里）。

答：船长要搜寻的海域有 50 平方海里。

每个人都伸长脖子，希望视野中尽快出现救命的岛屿。

没过多久，仙鼠先生就感到脖颈一阵僵硬。

鲨……鲨鱼，好多鲨鱼！

大家赶紧扭头向后看去，立刻全都变了脸色。只见远处的海面上，一条条鱼鳍冒出水面，正乘风破浪地跟在后面！

那真的是鲨鱼，而且是可怕的虎鲨群！

51

就在大家几乎要绝望的时刻，小糊涂忽然发出了一声兴奋的呼喊，所有人都顺着她手指的方向望去。

快看，前面有陆地！

天空中的太阳已经变成了一颗橘黄色的弹丸，在它下面不远，天与海的交界线处，真的出现了一座岛屿的剪影。看来仙鼠先生的判断没错，蜜蜂前进的方向果然是距离他们最近的陆地！

房东太太和杜船长拼命向前游去。

鲨鱼群都惊呆了，它们从来没有看到过速度这么快的猎物！

终于，在太阳完全沉没之前，大家逃过了鲨鱼白森森的牙齿，游到了一片丛林旁的沙滩上。

咱们也只能原地休息了。

可是花生怎么办?

不用担心,他一定会没事的。

在这种地方怎么睡觉?

54

当然不能在地上休息，森林里有很多有毒的虫子和野兽，咱们只能睡在树上了。

先找一棵合适的大树，至少要有三个临近的大树杈才能供一个人休息。树杈的高度不能超过 4 米，不然起风后就会摇摆得厉害，睡在上面会有危险。

树杈伸展的距离要不大不小，粗细至少要 20 厘米以上。

树屋的面积至少要达到 1 平方米以上，这样才能安全地支撑起一个人——房东太太的树屋当然要建造得更大一点儿。

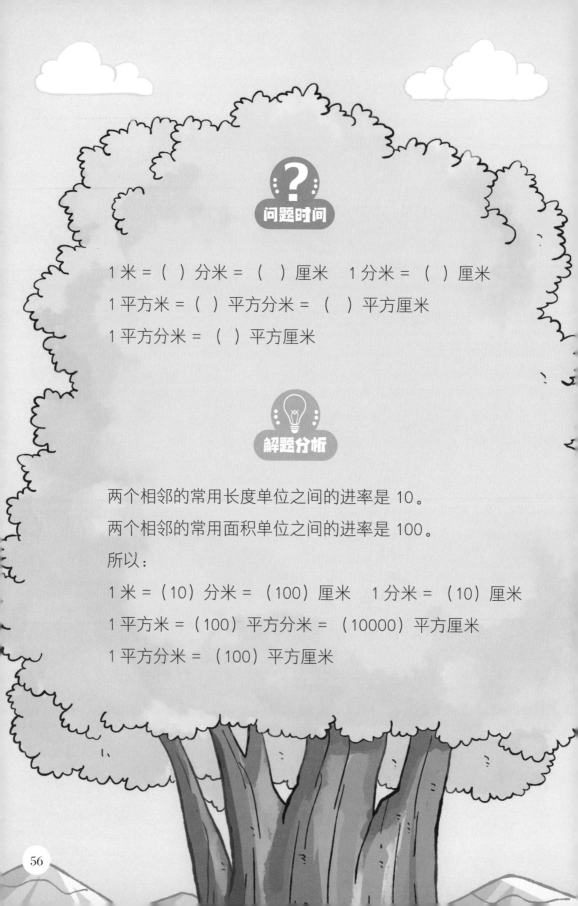

问题时间

1 米 = （ ）分米 = （ ）厘米　1 分米 = （ ）厘米

1 平方米 = （ ）平方分米 = （ ）平方厘米

1 平方分米 = （ ）平方厘米

解题分析

两个相邻的常用长度单位之间的进率是 10。

两个相邻的常用面积单位之间的进率是 100。

所以：

1 米 = （10）分米 = （100）厘米　1 分米 = （10）厘米

1 平方米 = （100）平方分米 = （10000）平方厘米

1 平方分米 = （100）平方厘米

在仙鼠先生的指挥下，大家飞快地折断了一堆树枝，用选好的树杈做支点，搭起了几个粗糙的"床铺"。除了让房东太太爬树费了一些力气，睡起来倒也不错。

　　夜幕降临，高大的树冠就像一张张巨型的黑网，把森林遮蔽得严严实实，连一丝星光都不放进来。

　　和大都市里不一样，森林中的居民似乎都喜欢在夜晚行动。一双双闪着寒光的眼睛伴随着各种咆哮在树丛下穿行，把大家吓得大气都不敢出。如果把营地建在树下，只怕他们已经变成森林猛兽的夜宵了！不知过了多久，睡还是战胜了恐惧，树屋中终于鼾声四起。仙鼠先生爬上了大树的最高处，

　　向四周眺望了一会儿，嘴角立刻露出了一抹神秘的笑容。

这个世界上怎么会真的有幽灵？没错，就是在那个岛上，花生点燃了发信号的篝火。

大家一连绕过好多岛屿，才在仙鼠的指引下来到一座不起眼的偏僻荒岛。刚上岸，就在不远处的一棵大树上发现了一片布片。

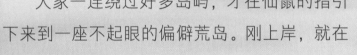

你们看，有一片布片！

接下来，果然每走上一段时间，就会在树木或地面的石块上发现一处路标：有时候是布条，有时候是用树枝摆放的箭头形状，有时候是在石头上刻画的印记……标记的痕迹都很新，证明带走花生的"海盗幽灵"并没有走远。

仙鼠先生忽然提醒大家不要出声。

嘘！

他悄悄扒开树丛，只见前面有一片1公顷大小的空地，停放在空地中央的，竟然就是那艘恐怖的海盗船！

那名恐怖的骷髅船长正站在船头，指挥着一片片涌动的黑色雾团在空地上挖掘着什么！

问题时间

骷髅船长要挖掘 1 公顷的土地，1 公顷等于多少平方米呢？ 1 平方千米又相当于多少公顷呢？

解题分析

公顷是面积单位。相当于一个边长 100 米的正方形。所以，1 公顷 =100×100=10000（平方米）。而 1 平方千米 =1000×1000=1000000（平方米）。所以 1 平方千米 =100 公顷。

答：1 公顷 =10000 平方米，1 平方千米 =100 公顷。

杜船长的枪法真棒，虽然距离幽灵船还有好几百米远，子弹还是不偏不倚射中了骷髅船长的胸膛。他本来就只剩下骨头的胸部被射穿了一个拳头大的洞口！

骷髅船长不但没有倒下，反而扭头看向仙鼠先生他们隐藏的树丛，露出了一个狰狞的微笑，做出了一个进攻的手势！

向着海滩直线跑，不要拐弯，用最快的速度冲出树林就安全了！

大家头也不回地逃着，背后的树丛中传来一阵阵可怕的咆哮声，被骷髅船长召唤来的地狱恶犬似乎在摧毁着沿途的一切！

问题时间 线段可以向一端无限延长。请问这句话是对是错？

解题分析 要知道这句话是对是错，我们首先得弄清直线、线段、射线的定义和区别。

1. 直线。直线没有端点，是无限长的，不可以度量。两点之间的直线距离是最短的。

2. 线段。一根拉紧的线，绷紧的弦，都可以看成线段。线段有两个端点，线段可以测量长度。

3. 射线。射线只有一个端点，无限长，不可以度量。

线段、射线、直线的区别如下表所示。

名称	端点	延伸	度量
线段	2	不能	可以
射线	1	一端	不可以
直线	0	两端	不可以

所以题目中的这句话是错的。它把线段当成了射线。

接着跑，不要停下来！

再向前跑就是大海了啊。

没错，快躲进海里，我要使用秘密武器了！

虽然不明白仙鼠先生要做什么，但大家已经没有时间犹豫了！

飞在空中的仙鼠先生忽然举着一个喷雾罐向着咆哮的三头地狱犬喷去,一股清甜的味道荡漾在空气中,地狱犬贪婪地伸长三个头颅嗅了起来。

就是现在!

一、二、三……来了。

仙鼠先生看了看远处的天空,狡黠一笑,一个完美的弹跳,也潜入了海中。

巨大的地狱犬面对蜂群的进攻，竟然一下子就"融化"了，快速崩塌成一团团小黑点四散奔逃起来。

哗啦！

老鼠？

"没错，就是老鼠。无论是骷髅船长，还是地狱恶犬，都是它们叼着尾巴连在一起吓唬人的。"仙鼠先生这才说出了真相，"我在图书馆遇到的刺客也是它们！

"给我们带路的蜜蜂是一只蜂后，只要它来到这座岛上，很快就会吸引来一大群蜜蜂。刚刚我把它们最喜欢的蜂蜜喷在了老鼠们身上，它们就把老鼠当成偷蜂蜜的贼了！"

哈哈，你真是太狡猾了！

没有了面对恶魔的恐惧，伙伴们立刻斗志昂扬地和仙鼠先生再次冲向了幽灵船。

和仙鼠先生预想的一样，这艘幽灵船也是伪造的，不过是在一条偷来的船上加了一层破旧的木板。

竖起一支桅杆。

又在甲板的两侧安装了喷射烟雾和火花的装置，以此吞云吐雾。无论是图书馆里的刺客，还是岛上出现的巨大怪物，都是这些家伙一个接一个衔着伙伴的尾巴拼凑起来吓唬人的。

80

一个周角可以分成几个 45°角？

解题分析

人们将圆平均分成 360 份，将其中 1 份所对的角作为度量角的单位，它的大小就是 1 度，记作 1°。

平角：一条射线绕它的端点旋转半周，形成的角叫作平角（1 平角 = 180°）。

周角：一条射线绕它的端点旋转一周，形成的角叫作周角（1 周角 = 360°）。

直角 = 90°　平角 = 180°　周角 = 360°

锐角 < 直角 < 钝角 < 平角 < 周角

1 周角 =2 平角 =4 直角，一个直角可以被分为 2 个 45°角。所以，一个周角可以被分为 8 个 45°角。

一直挖了三天三夜，浑身泥泞的探宝团队终于在地下挖到了一个精美的宝箱。

什么？这就是宝藏吗？

大家满怀期待地一层层打开之后，却发现里面只有一封感谢信。

感谢您，不愿留下姓名的好心人，十角城的诞生完全归功于您的捐赠！

这……这是什么？

原来，十角城是用海盗的宝藏建造的这个传说也是真的。晚年的黑胡子幡然悔悟，把所有掠夺得到的财富全部捐给了故乡的父老乡亲，资助他们建造了最初的十角城。

呜呜呜……为什么又是这样！

都把我忘了吗？谁来救救我啊。